Moonstone Press

Editora de proyecto: Stephanie Maze
Directora de arte: Alexandra Littlehales
Editora: Rebecca Barns

FOTOGRAFÍA: Portada: © 2001 Anup Shah/DRK Photo;
Contraportada: © 2001 Norbert Rosing/National Geographic Image Collection;
en orden, comenzando con la página con título: © 2001 Frans Lanting/Minden Pictures;
© 2001 John Cancalosi; © 2001 Anup Shah/DRK Photo; © 2001 Joel Sartore/National
Geographic Image Collection; © 2001 Michael Nichols/National Geographic Image Collection;
© 2001 Frans Lanting/Minden Pictures; © 2001 Jonathan Blair/National Geographic Image
Collection; © 2001 Norbert Rosing/National Geographic Image Collection.
© 2001 John Cancalosi/DRK Photo; © 2001 Jim Brandenburg/Minden Pictures;
© 2001 Michael Fogden/DRK Photo; © 2001 Flip Niklin/Minden Pictures;
© 2001 Mitsuaki Iwago/Minden Pictures; © 2001 Anup Shah/DRK Photo;
© 2001 Norbert Rosing/National Geographic Image Collection.

Publicado en Estados Unidos por Moonstone Press,
7820 Oracle Place, Potomac, Maryland 20854

ISBN 0-9707768-2-9
Library of Congress Cataloging-in-Publication Data
Tender moments in the wild. Spanish.
Momentos tiernos en el reino animal : los animales y sus bebes / [editora, Stephanie Maze].
p. cm.
Summary: Photographs and simple text present a variety of animals caring for their offspring.
1. Parental behavior in animals—Juvenile Literature.
[1.Parental behavior in animals. 2. Spanish language materials.] I. Maze, Stephanie. II. Title.
QL762.T46182001
591.56'3--dc21   2001044313

Primera Edición

10 9 8 7 6 5 4 3 2 1

Printed in Singapore

Momentos tiernos

en el reino animal

Los animales y sus bebés

En todo el mundo los
animales aman a sus bebés.

Un **cisne** se asegura de que su bebé esté cómodo.

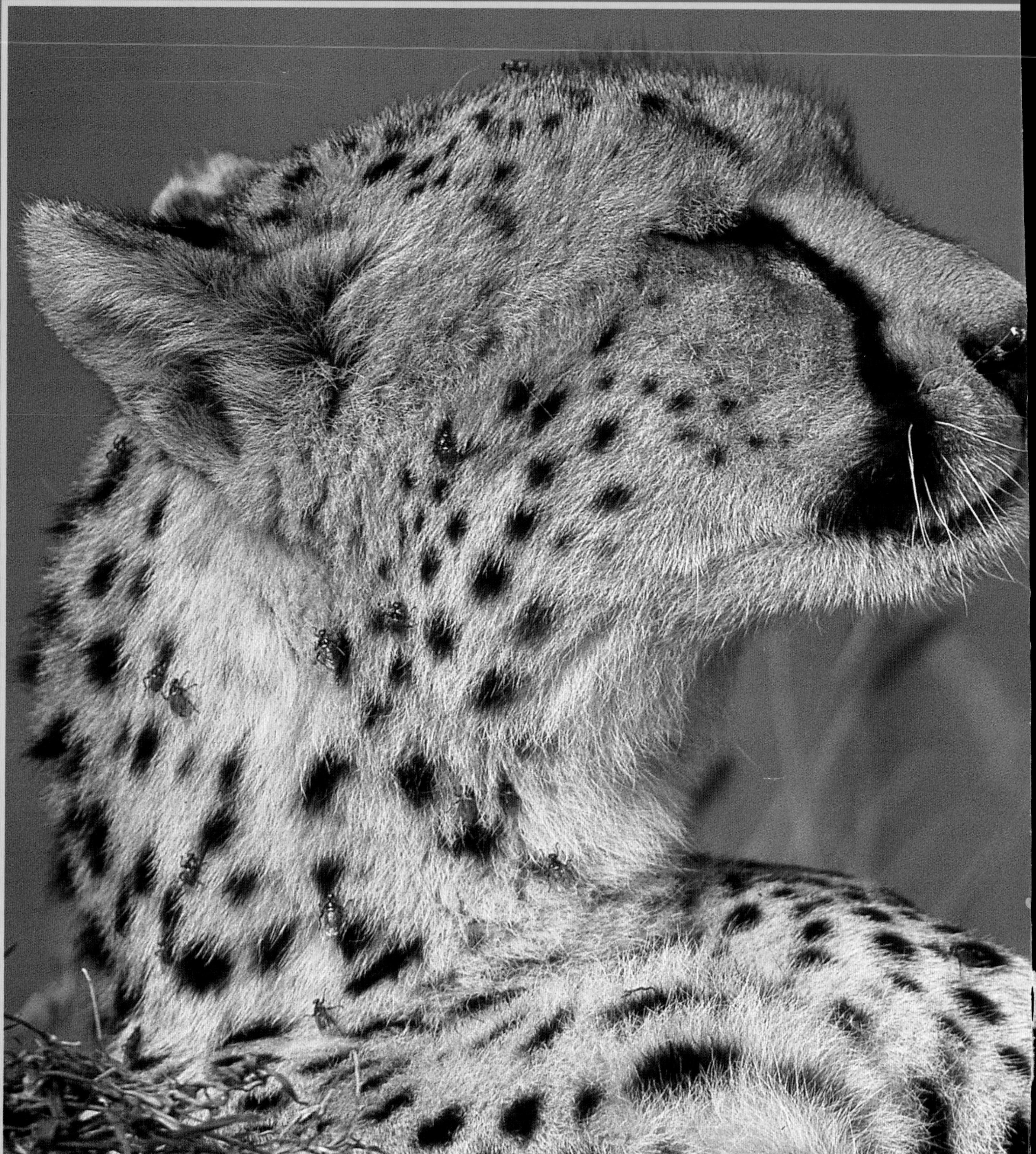

Un **guepardo** acaricia con el hocico a su bebé para decirle "hola."

Una **foca** hace mimos
a su bebé en la playa.

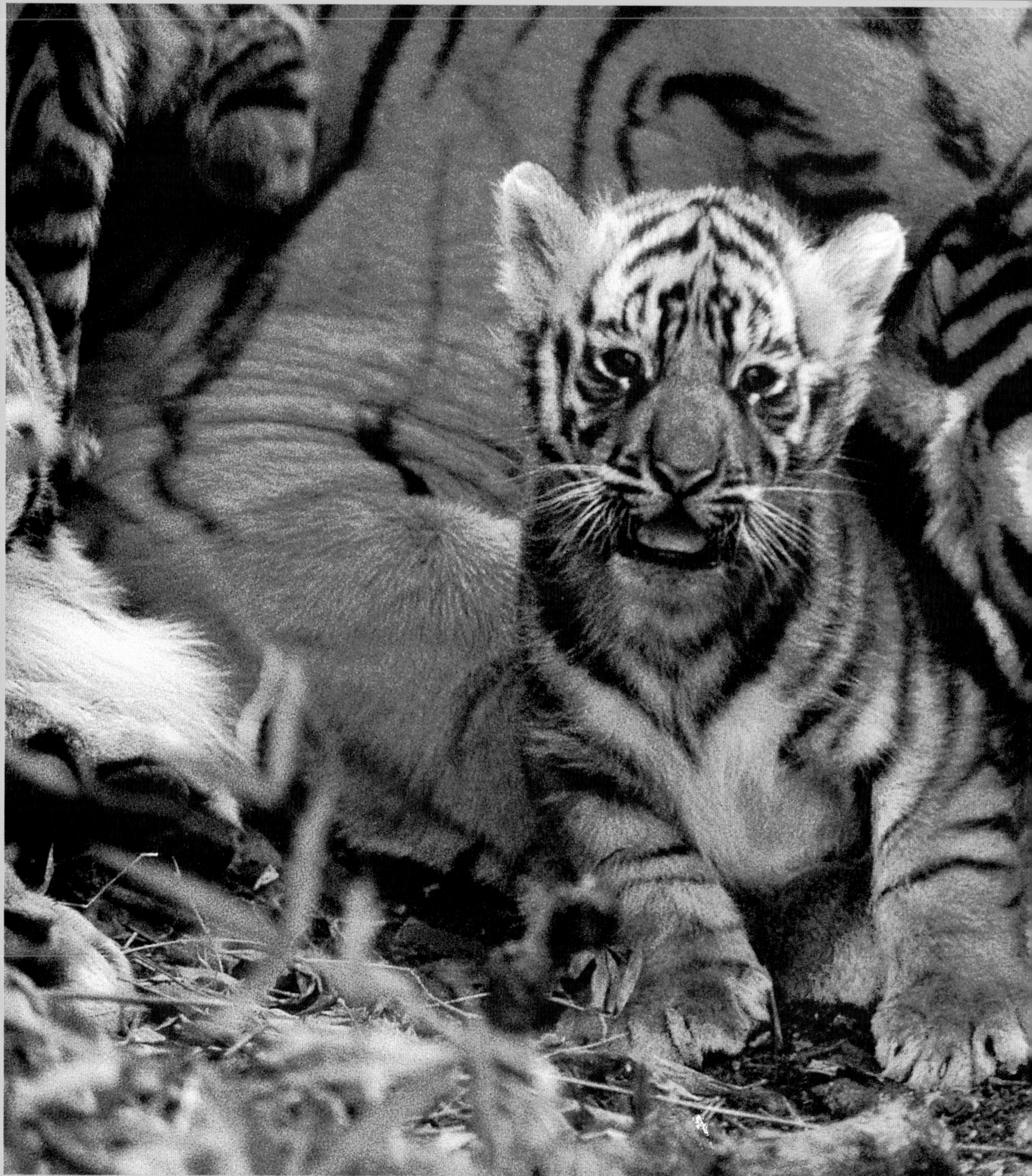

Una **tigresa** baña a su bebé con la lengua.

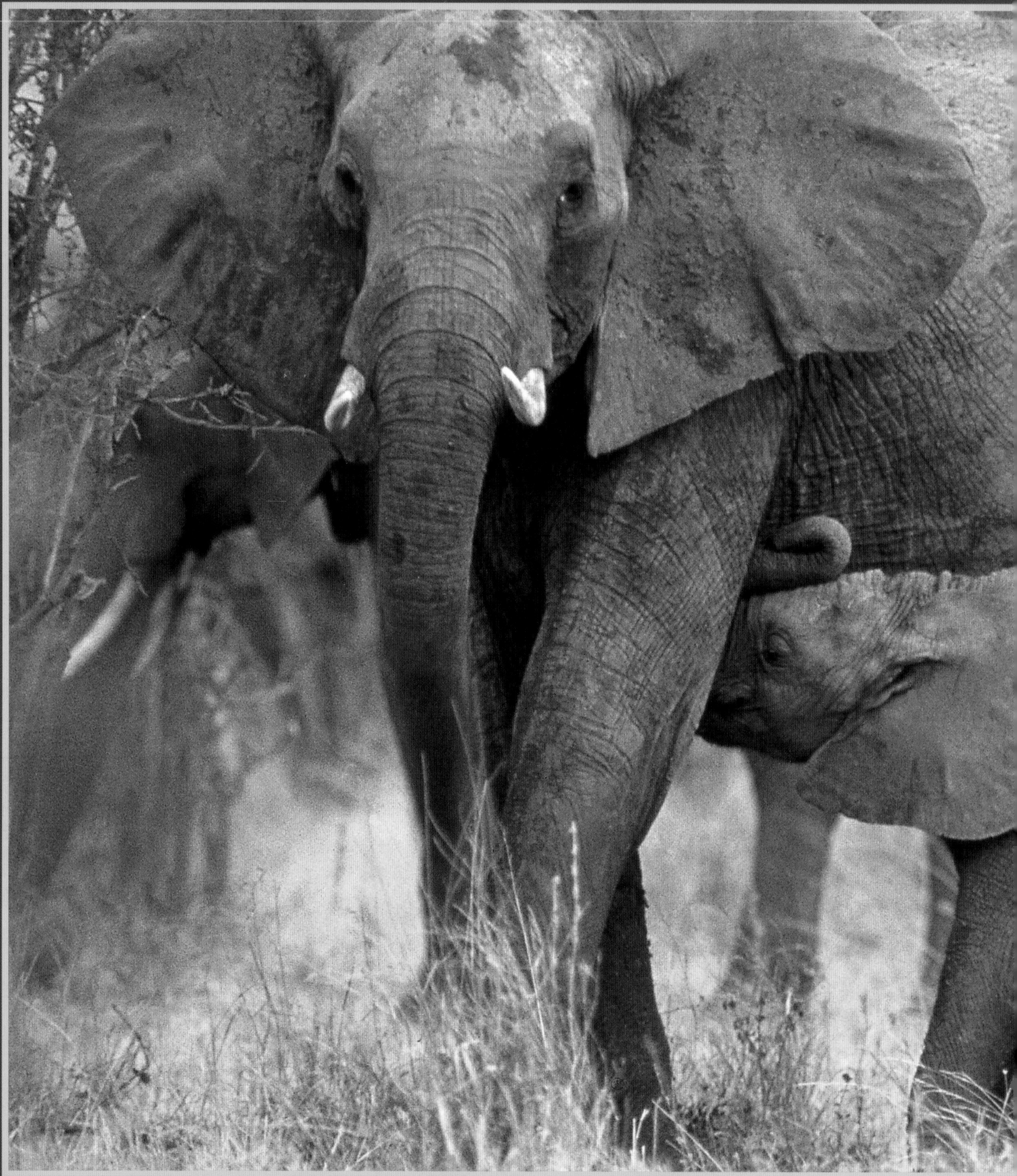

Una **elefanta** amamanta a su bebé mientras otros miembros de la familia hacen guardia.

Un **cocodrilo** lleva a sus bebés con mucho cuidado en su poderosa mandíbula.

Una mamá
orangután
sostiene a
su bebé muy
cerca de ella.

Una mamá **escorpión** lleva a sus bebés de paseo en la espalda.

Un **pelícano** le da de comer pescado a su hambriento bebé.

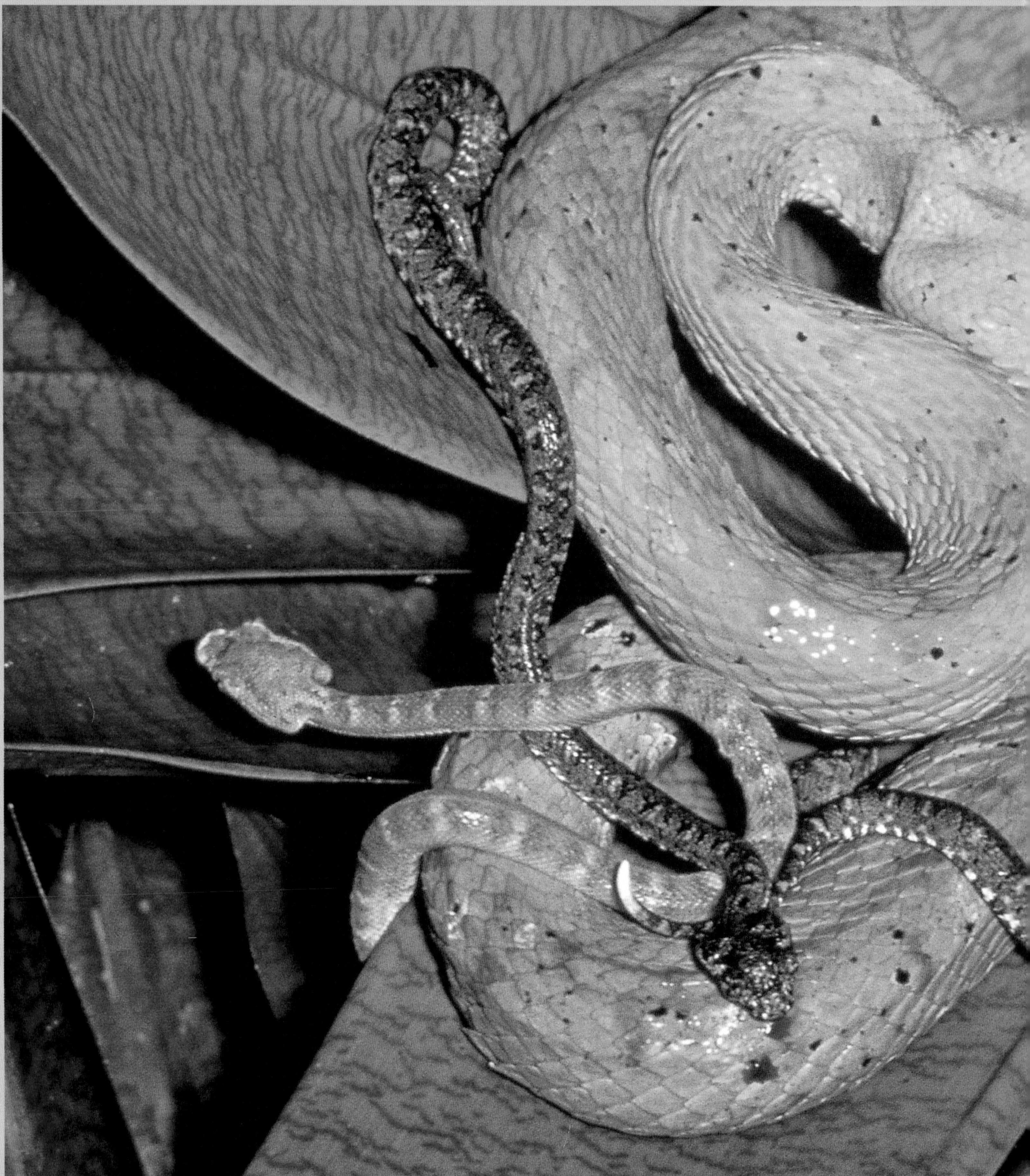

Una **serpiente** cuida que sus bebés no se vayan muy lejos.

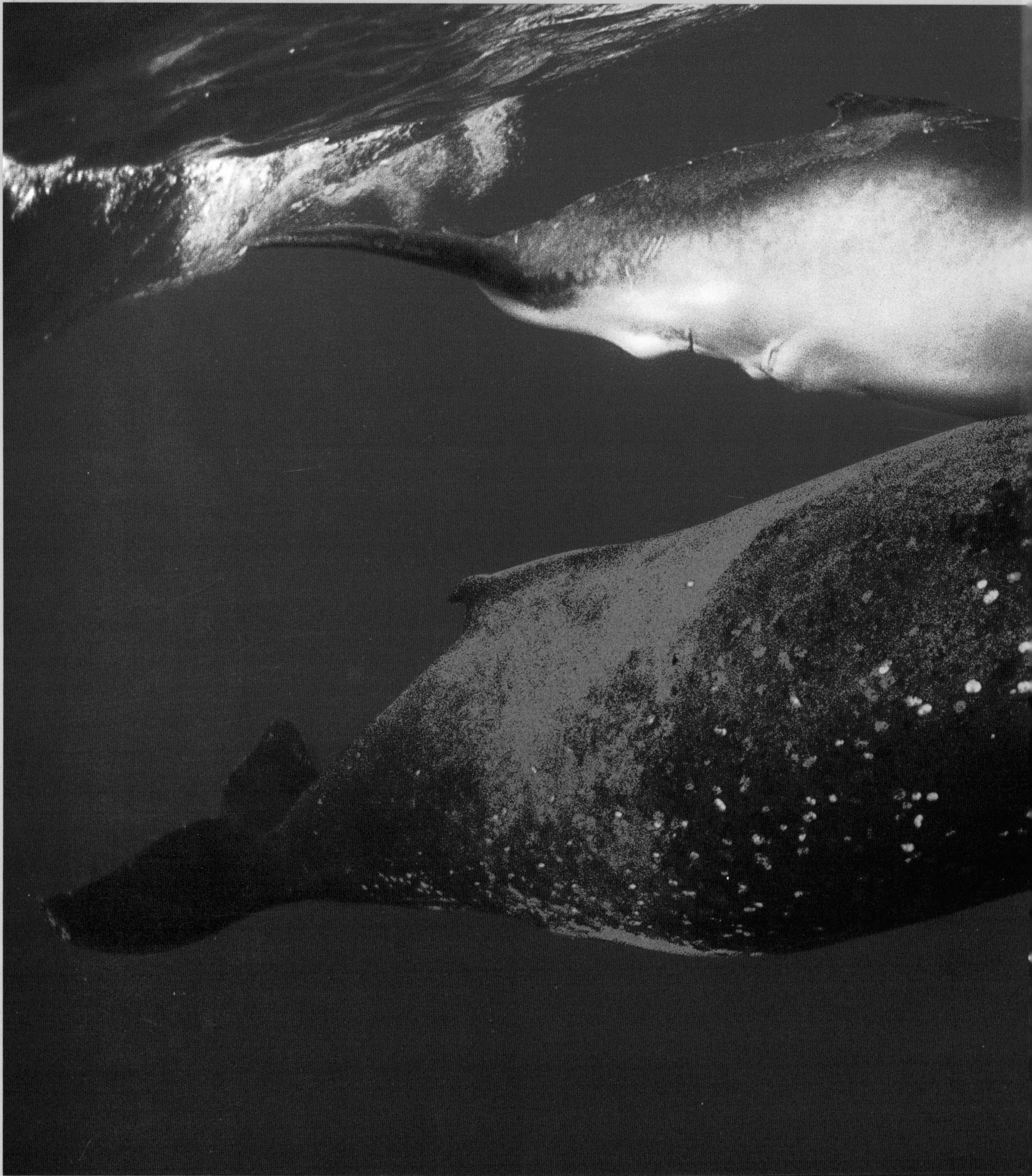

Una **ballena** nada con
su bebé en el océano.

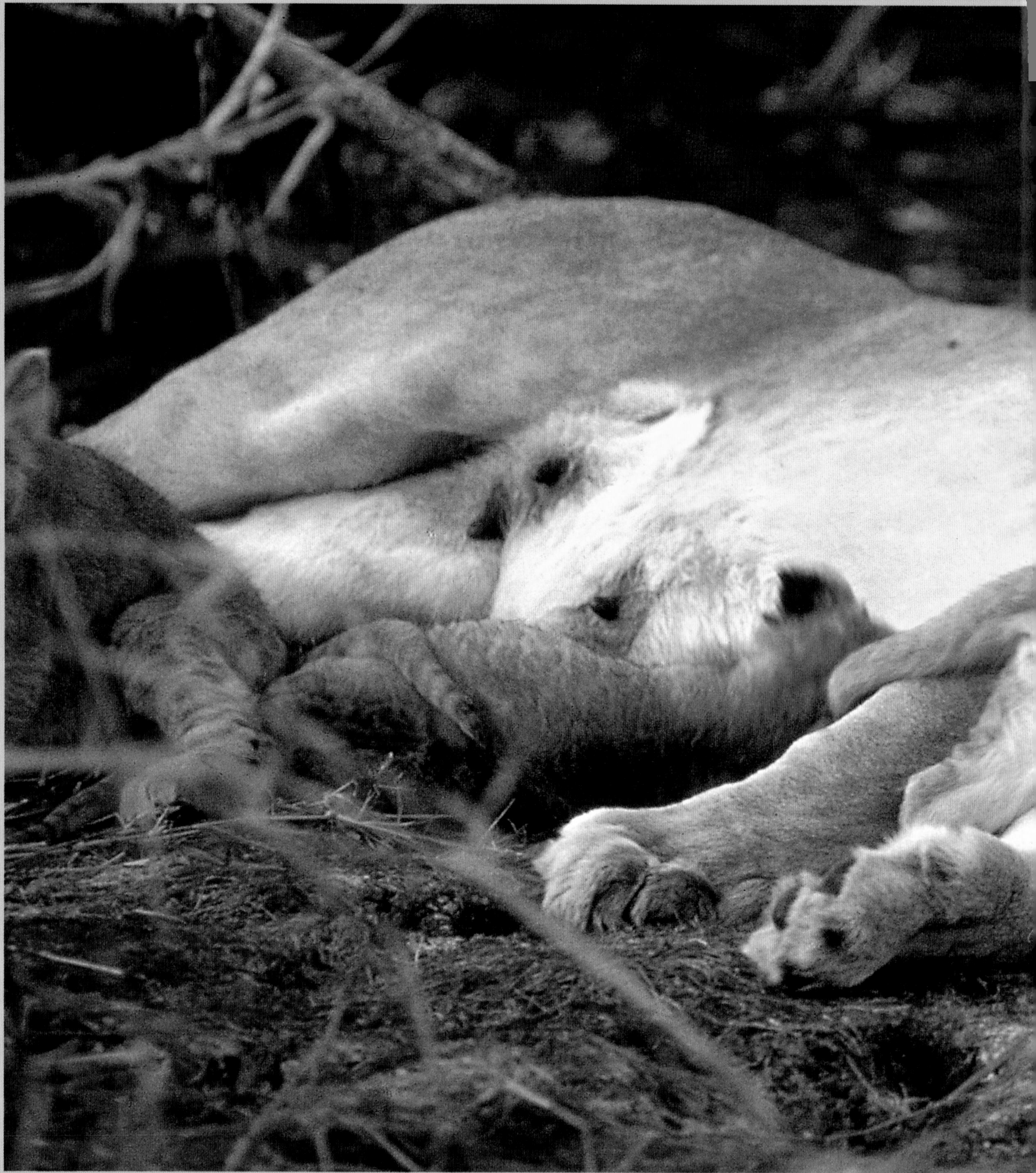

Una **leona** duerme la siesta con sus bebés.

Una mamá **hipopótamo**
le enseña a su bebé
a bañarse.

Un **osito polar** se siente seguro durmiendo sobre su mamá.

Los animales aman a sus bebés—
igual que los humanos aman
a los suyos .

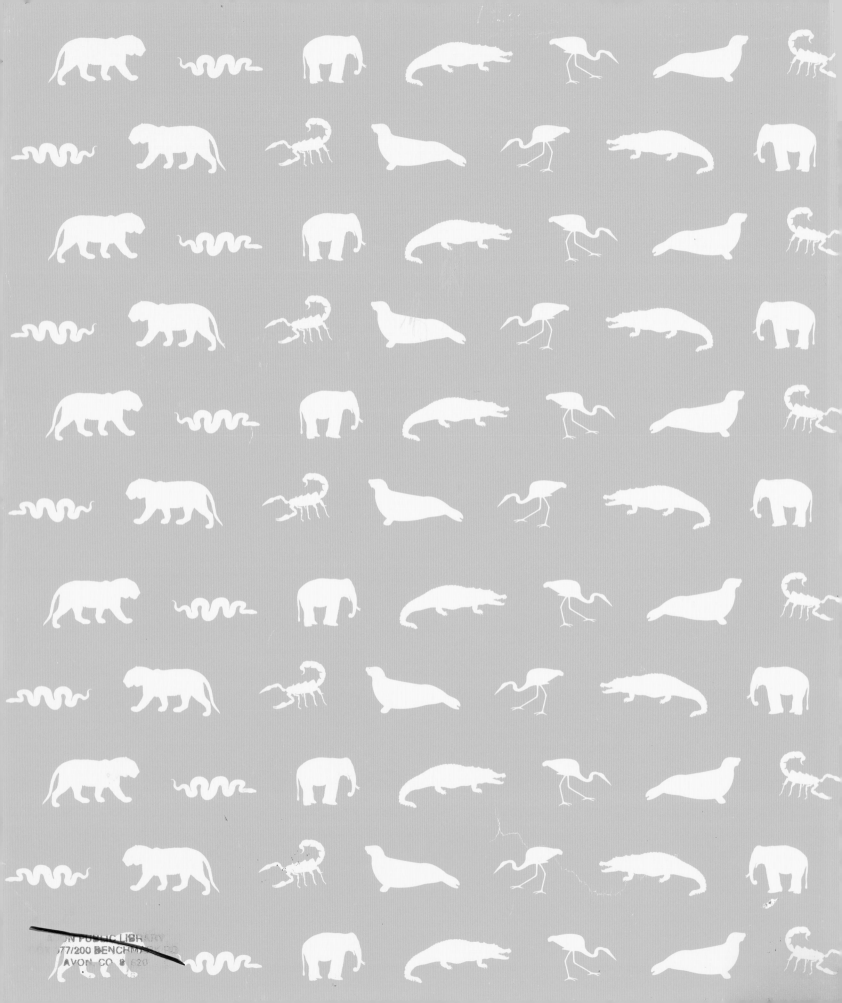